Zur chemisch-mineralogischen Erforschung der deutschen Kalisalzlagerstätten

Antrittsrede
gehalten in der Aula der Universität
am 20. November 1909

von

Dr. Fritz Rinne
Geh. Regierungsrat
o. Prof. der Mineralogie und Petrographie an der Universität Leipzig

Leipzig
Verlag von Veit & Comp.
1910

Zur chemisch-mineralogischen Erforschung der deutschen Kalisalzlagerstätten

Antrittsrede
gehalten in der Aula der Universität
am 20. November 1909

von

Dr. Fritz Rinne
Geh. Regierungsrat
o. Prof. der Mineralogie und Petrographie an der Universität Leipzig

Leipzig
Verlag von Veit & Comp.
1910

Druck von Metzger & Wittig in Leipzig.

Eine schöne und große Aufgabe ist mir zuteil geworden: an der Universität Leipzig als Nachfolger des Altmeisters Ferdinand Zirkel das Amt eines Professors der Mineralogie und Petrographie zu bekleiden. Ich übernehme diese Verpflichtung in froher Zuversicht. Möge mir neben guter Ernte auf dem Gebiete wissenschaftlicher Forschung als Lehrer der Erfolg beschieden sein, bei Kommilitonen, deren naturwissenschaftlicher Studiengang sie in meinen Hörsaal und in meine Übungsräume führt, ein freudiges Interesse zu erwecken für das anorganische Baumaterial der Erde, für Mineral und Gestein.

Auch will ich versuchen, meine Wissenschaft für weitere Kreise unserer Universität nutzbar zu machen, insbesondere durch Darlegungen über die mineralischen Gaben, welche die Natur in dem Boden Deutschlands und seiner Kolonien geborgen hat, und deren industrielle Ausbeutung die wirtschaftliche Entwicklung unseres Volkes so machtvoll beeinflußt.

Bei all meinem Lehren möchte ich Fühlung bewahren mit den Nachbarwissenschaften, insbesondere mit Chemie, Physik und Geologie. Gibt doch die eingehende Bezugnahme auf Chemie und Physik einer Darlegung der Krystallographie erst die rechte Abrundung. Eine Petrographie ohne Anschluß an Geologie wäre nur Stückwerk.

Chemie, Physik und Geologie sind das breite Fundament, auf dem der stolzragende Bau moderner Mineralogie und Gesteinskunde sich erhebt.

Wie bei meinem zukünftigen Lehren in Vorträgen und Übungen möge denn auch bei den Erörterungen, für die ich heute Ihre freundliche Aufmerksamkeit erbitte, die Beziehung des Dargebotenen insbesondere zu Chemie und Geologie sich bekunden. Unsere gemeinsamen Betrachtungen sollen sich erstrecken auf die wissenschaftliche Erforschung der deutschen Kalisalzlagerstätten, jener als Monopol Deutschlands in wahrem Sinne des Wortes einzigartigen Ablagerungen, die als mächtiges Glied der deutschen Erde den Naturforscher und als kostbarer Bodenschatz den Volkswirt in gleichem Maße interessieren.

M. H.! Die Erdgeschichte berichtet uns von vielen merkwürdigen Schicksalen, die unsere Heimat im langen Lauf der Zeit erfahren hat. Wo heute Land ist, war früher Meer, und es wurde wieder Land und Meer und Land. Wir hören von einem variskischen Alpengebirge, das sich zur Carbonzeit von Frankreich her bis Österreich erstreckte, von Sumpflandschaften mit tropischem Pflanzenwuchs im nördlichen und mittleren Deutschland, von vulkanischen Ereignissen, vom Inlandeis, das als kühler Schild Norddeutschland einst bedeckte; kurzum, mannigfaltige, höchst eigenartige Zustände unseres Landes sind aus der Betrachtung des steinernen Untergrundes erschlossen.

Und noch eine große Wandlung Deutschlands, so seltsam wie möglich, soll im Hinblick auf das Thema meiner Darlegungen vor unserem geistigen Auge stehen: Deutschland am Ende der paläozoischen Periode. Lang ist es her. Das ragende variskische Gebirge eingeebnet, das Meer eingebrochen in das sinkende Land: die Trümmer des Zechsteinkonglomerats, Kupferschiefer, Zechsteinkalk lagern sich ab, und nun, zur mittleren und jüngeren Zechsteinzeit, wird Deutschland ein

Salzsee. Seine Fluten verdunsten mehr und mehr in trockener Wüstenluft. Wahrhaft riesige Absätze von Salz lagern sich nach und nach im Laufe von Jahrtausenden ab, zu Stein gewordene Rückstände eines vergasten Meeres.

Ähnlich den Szenerien, die wir in den abflußlosen Gebieten von Wüsten studieren können, lag unter den Strahlen der Dyassonne Nord- und Mitteldeutschland, auch das sächsische Land, in weißem Salzkleide, eine wundersame Landschaft, die jetzt, soweit sie noch erhalten ist, unter dem Schutt jüngerer Zeiten verborgen in der Tiefe ruht.

Daß diese versunkene Landschaft der seit Jahrmillionen vergangenen Zechsteinzeit, oft nur hundert oder wenige hundert Meter entfernt von der Erdoberfläche sich im deutschen Untergrunde gewaltig ausdehnt, wenn auch mit großen Lücken, gleich Löchern in einem Tuche, ausdehnt von Posen bis zu den Niederlanden, von Holstein bis nach Thüringen, das ist erst neuerdings erkannt worden. Viele Jahre war unser Wissen von dem riesigen Salzschatze Deutschlands dürftig. Nun aber sind die Zechsteinsalze in ihrer erstaunlichen unterirdichen Verbreitung und ihrer stattlichen Mächtigkeit als eins der wichtigsten Glieder im petrographischen Bau und als größte Minerallagerstätte Deutschlands erkannt worden. Sie verdienen die Aufmerksamkeit der Naturforscher in hohem Maße, und das Studium dieser Salzablagerungen zu fördern ist jetzt gute Gelegenheit. Ein neuer, mit großen Mitteln arbeitender Bergbau ist erblüht. An 1000 Millionen Mark sind in den letzten Jahrzehnten für Aufschlüsse zum Zwecke der Kalisalzgewinnung, für Bohrungen, Schachtanlagen, Bergwerksbetriebe und chemisch-fabrikatorische Einrichtungen verausgabt. An über 50 Stellen ist die Salzablagerung bergbaulich zugängig gemacht. Aus Tiefen bis zu 1600 m unter Tage hat man mittelst Kernbohrung, gleichsam mit einem riesigen eisernen Arme, Proben des Salzgesteins heraufgeholt, bis an 1100 m unter der Erdoberfläche ist man mit Schachtbau im Salz vorgedrungen. Viele Hunderte von Kilometern sind an Strecken aufgefahren, und Tag für Tag werden durch Tausende von Arbeitern neue Aufschlüsse im Zechsteinsalz eröffnet, natürlich im Interesse der industriellen Ausnutzung des Bodenschatzes, zum großen Teil aber auch frei für das wissenschaftliche Studium. Lockende Umstände für den Forscher. Ja, nur selten war für den Gelehrten eine gleich günstige Gelegenheit, die Praxis, die so oft von der Wissenschaft genährt ist, nun auch für sich zu nutzen.

Es ist aber nicht nur gute Gelegenheit, sondern auch dringlich Zeit, die entsprechenden wissenschaftlichen Arbeiten einzuleiten und fortzuführen, einzuleiten auf Feldern, die noch unbestellt sind und in gutem Fortschritt zu halten, wo sie im Gange sind. Denn: Aufschlüsse im Salz verfallen leicht, verstauben, werden verzimmert oder abgebaut; Salzbergwerke erliegen gar zu oft der Gewalt eindringender Wasser und sind dann für Wissenschaft und Praxis verloren. Schon vieles ist versäumt worden. Also gilt es in Zukunft wachsamer zu sein und das vom Kalibergbau Erschlossene beizeiten wissenschaftlich zu verwerten.

So habe ich denn in Gemeinschaft mit Prof. van't Hoff in Berlin und Prof. Precht in Staßfurt einen Verband zur wissenschaftlichen Erforschung der deutschen Kalisalzlagerstätten angeregt. Eine erfreuliche Anzahl von Fachgenossen und von Freunden des Kalibergbaues ist der Einladung gefolgt und bereit, die gute Sache zu fördern, sei es durch Beteiligung an der Fortführung der chemischen, physikalischen, geologischen, petrographischen und mineralogischen Erkundung der herrlichen Salzschätze, sei es durch sonstige gelegentliche Unterstützung des Plans. Manche wissenschaftliche Arbeit, insbesondere in chemischer und chemisch-mineralogischer Hinsicht, ist bereits geleistet, viel ist aber noch zu tun, ja, wie meist bei wissenschaftlichen Studien, haben sich im Lauf der Arbeit die Aufgaben vermehrt. Das Errungene ist zur Aussaat für neue Ernten geworden.

Mögen Sie mir nun, m. H., gestatten, speziellere Andeutungen zu machen über einzelne Umstände auf dem Gebiete einschlägiger chemisch-mineralogischer Forschung, und zwar will ich versuchen, Ihnen Einiges über Art sowie chemisches Wesen von Salzmineralien und insbesondere über ihr Zusammenkommen, ihre Paragenese, zu berichten.

Die chemischen Verbindungen, die als natürliche Hauptbaumaterialien der Lagerstätte in Betracht kommen, sind verhältnismäßig wenige. Das wichtigste Salz, das in Milliarden von Tonnen an unserem Zechsteinvorkommen teilnimmt, ist das Steinsalz, Chlornatrium. Zu ihm gesellen sich der sog. Anhydrit, Polyhalit, Kieserit, Carnallit, Sylvin, Kainit. Es sind Verbindungen des Calciums, Magnesiums, Natriums, Kaliums, teils sulfatischer, teils chloridischer, teils sulfatisch-chloridischer Natur und zumeist mit Krystallwasser verbunden.

Ist so der chemische Grundstock einfach, so kommt es doch zu einem mannigfaltigen Bilde, wenn man auch die in kleineren Mengen vorhandenen Substanzen in Betracht zieht, auch wieder Sulfate und Chloride und weiterhin Borate, Oxyde, Sulfide u. a. m. Alles in allem hat die mineralogische Entdeckerlust zur Kenntnis etwa dreißig verschiedener Glieder der Salzlagerstätte geführt. Sie bieten in der Tat viele chemisch-mineralogisch interessante Verhältnisse dar; ich bin aber Ihres Einverständnisses ganz sicher, wenn ich trotzdem diese dreißig Mineralien und ihre Eigenart hier nicht aufzähle. Nur zwei oder drei Beispiele, die Ihnen einen Einblick geben mögen nicht in eine Fülle von Tatsachen, sondern mehr in die Gedankenwelt chemischer Mineralogie, möchte ich mir gestatten herauszuheben.

Ich wähle dafür zunächst ein selteneres Mineral, den Koenenit, den ich gelegentlich untersuchen konnte, und führe ihn an als Gegenstand von Überlegungen über die Molekularstruktur von Krystallen, wie sie die neuere Mineralogie gern betreibt. Es handelt sich um ein gewässertes Aluminiummagnesiumoxychlorid, also um eine chemisch ziemlich verwickelt aufgebaute Substanz. Sie ist eins der seltenen Beispiele krystallisierter anorganischer Materie, die einen systematischen Abbau des chemischen Moleküls ohne Einsturz des Krystallgebäudes gestattet. Gewiß ein merkwürdiger Fall, daß es möglich ist, den chemischen und damit parallel gehend den physikalisch-krystallographischen Bau sozusagen durch Herausnahme von Bauteilen allmählich durch systematisches Entfernen, bildlich gedacht, von Balken, Säulen und Steinen vorsichtig zu lockern, ohne Zusammensturz zu veranlassen. Der chemische Abbau kann Gruppe für Gruppe durch Kochen mit Wasser und dann mit Salmiaklösung, weiter durch Glühen vollzogen werden. Entsprechend wird erst das Magnesiumchlorid, dann auch eine zweite Baugruppe, das Magnesiumoxyd, schließlich aus dem schon recht stark reduzierten chemischen Molekül das Wasser herausgenommen, so daß von der ganzen komplizierten chemischen Herrlichkeit des gewässerten Aluminiummagnesiumoxychlorids nur noch die Tonerde verbleibt. Für Betrachtungen über molekularen Bau der Krystalle aus ineinander gestellten Bausystemen, Raumgitter genannt, ist es nun wohl von Interesse, zu sehen, daß, wie angedeutet, trotz der erwähnten, doch recht gründlichen chemischen Eingriffe das physikalische Gebäude nicht zum wirren Haufen zusammenstürzt. Es wird gelockert, es werden nach und nach Gruppen von Bauteilen oder, wenn man so will, einzelne der ineinander gestellten Raumgitter herausgenommen: schließlich ist das physikalische Bauwerk gewissermaßen recht luftig konstruiert, aber, wie die optische Untersuchung zeigt, dennoch im Zusammenhang, im krystallographischen Parallelismus seiner Teile.

Ein anderes Beispiel für eigenartige Umänderungen im chemisch-krystallographischen Bau eines Salzes sei hier im Hinblick auf den sehr weit verbreiteten eisenoxydhaltigen Carnallit erörtert. Dies an sich farblose Mineral erscheint in großen Massen durch Millionen eingelagerter feinster krystallisierter Blättchen von Hämatit in schönsten Abstufungen eines prächtigen Rot und Farbenschillers, ein wahrer Schmuck der Salzlagerstätten. Man wird mit Precht und Johnsen annehmen müssen, daß all diese Eisenoxydschüppchen, so merkwürdig es klingt, nachträglich im festen Carnallit durch Zerlegung eines im Salz molekular beigemengten Eisencarnallits entstanden sind, ein beachtenswertes Beispiel für die Ausscheidung von Krystallen, hier von zierlichen Eisenglanztäfelchen, in einem festen krystallisierten Medium. Ein Nebenerzeugnis dieser Umsetzung war Wasserstoff, der nicht selten den Salzen entströmt und in Kalisalzbergwerken gelegentlich monate- und jahrelang aus Öffnungen im Salz herausbrennt.

Recht interessante Momente kommen in die Betrachtung der chemischen Verhältnisse unserer

Salzmineralien durch Berücksichtigung der Stoffe, die auch jetzt noch gewissermaßen bei einem anderen in molekularer Beimischung zu Gaste sind, also als isomorphe Beimengung an seinem Aufbau sich beteiligen: ein festes Salz, so kann man sagen, von einem anderen festen Salz gelöst. Da findet man den Kaliumsalzen in kleinen, wechselnden Mengen beigesellt die entsprechende Verbindung des Rubidiums, des Lithiums oder Ammoniums, dem gewaltig vorherrschenden Chlorid das Bromid. Eins der wichtigsten Kalisalze, der Carnallit, ein sechsfach gewässertes Chlorkalium-Chlormagnesium, führt etwa 0,3 Prozent Brom, so daß man sich vorstellen kann, daß immer einzelne molekulare Bausteinchen im Gebäude des Chlorcarnallits durch Bromcarnallit ersetzt sind. Zwar handelt es sich um nur wenige submikroskopische Teilchen; durch chemisch-fabrikatorische Kunst vereinigt decken sie den gesamten Brombedarf der deutschen Industrie.

Verwunderlich könnte es erscheinen, daß ein dem Chlor und Brom verwandter Stoff, das Jod, das doch in unseren Ozeanen vorkommt und wohl auch dem Zechsteinmeere nicht fehlte, im Rückstand dieses Meeres, in unseren Salzen nicht, beziehungsweise in nur ganz außerordentlich geringen Mengen nachgewiesen werden konnte, gewiß eine kleine

Forschungsüberraschung. Doch ist durch Boekes Untersuchung eine Erklärung dafür gefunden. Alle seine Bemühungen nämlich, bei Krystallisationsversuchen das Jodid als isomorphes Glied zum Eintritt in den krystallographischen Bau eines einschlägigen chloridischen Salzes zu bringen, waren vergeblich. Das Jodid paßt offenbar nicht in das krystalline Molekulargefüge solcher Salze hinein und verweilt hartnäckig im Lösungsrest.

Im einstigen Zechsteinmeere haben sich die Bromide in isomorpher Mischung mit Chloriden verfestigt. Das Jodid aber blieb entsprechend dem Versuch in der Lauge. Wahrscheinlich hat es sich unter Ausscheidung von Jod zersetzt, das Jodelement dunstete in die Zechsteinluft hinüber und wurde so der Versteinung entzogen.

Geben uns in solchen Fällen und in manchen anderen die kleinen Beimengungen Fingerzeige für spezielle Umstände beim Festwerden der Salzlauge des Zechsteinsees, so kommen aber doch zur Erkundung der leitenden großen Züge des chemisch-mineralogischen Werdeganges unserer Salzablagerungen vor allem die Mineralien in Betracht, die in massenhafter Vereinigung förmliche Gesteine bilden. Der Krystallisationsvorgang, der zu diesen Zechsteinsalzgesteinen geführt hat, und dem, als zweitem

Teil unserer Betrachtungen, wir uns zuwenden wollen, ist aufs anschaulichste in den herrlichen Aufschlüssen zu erkennen, die der Kalisalzbergbau eröffnete.

In Gedanken darf ich Sie einladen (gern tät ich's in Wirklichkeit), mit mir einzufahren zur unterirdischen Pracht eines Kalisalzbergwerkes, z. B. zum Salz von Staßfurt. Durch den Schacht 2000 Fuß in die Tiefe gesenkt, und in langen Strecken wandernd oder auf den unterirdischen elektrischen Bahnen fahrend, gelangen wir zu einem gewaltigen Aufschluß. In schöner Deutlichkeit zufolge des Wechsels der Farbentöne in weiß, grau, auch schwarz, in rot und gelb erkennen wir beim Scheine des Grubenlichtes eine Gliederung der Salzmassen. Lage auf Lage, so hat die Natur die Krystallisationen in charakteristischer Schichtung übereinander gebaut.

Wie der Chemiker in seinen Schalen Krystallisationsbodensätze erhält, geschah es in den großen Becken der Natur. Die durch oberflächliches Verdunsten des Wassers salzreicher und schwerer gewordene Lauge sinkt ab; es scheiden sich in ihr Krystalle aus; sie sacken zu Boden.

In der Art erwuchs im Zechsteinsalzsee Schicht auf Schicht, Perioden der Bildung kennzeichnend.

Diese so einfache und deutliche räumliche Gruppierung der nach und nach entstandenen, stofflich verschiedenen Ausscheidungen der Lösung gibt uns den unmittelbaren Hinweis auf die zeitliche Folge der Krystallisationen. Wir können sagen: die räumliche Anordnung der Salze erläutert die chemisch-mineralogische Bahn, die der große Vorgang der Versteinung der Lösung einschlug.

Jede Schicht ist gewissermaßen ein Zeugnis, ein physikalisch-chemisches Dokument über die Verhältnisse der Lösung zur Zeit des Niederschlages. Tafel auf Tafel niederlegend hat sich der Krystallisationsvorgang selbst geschildert. In der Tat, die steinernen Lagen sind die Blätter eines Geschichtswerkes der deutschen Zechsteinzeit.

Das Absinken, Sacken, Lagern und Überlagertwerden der Ausscheidungen ist also für die Erkundung des gewaltigen und merkwürdigen Verdunstungs- und Versteinerungsvorganges, der sich zur Zechsteinperiode in unserem Lande abspielte, eine große Hilfe, die der Petrograph, beiläufig vermerkt, beim Studium des Krystallisationsverlaufs natürlicher Schmelzflüsse[1] entbehrt.

[1] Bei der Verfestigung der zähen Schmelzen bleiben die Krystallausscheidungen im allgemeinen ohne abzusinken beieinander. Die Möglichkeit des Verschwindens oder der Veränderung

Wie es schon 1864 Bischof vortrefflich erörterte, erkennt man im älteren Staßfurter Vorkommen einen ganz regelmäßigen Gang der Ausscheidungen. Über dem Zechsteinkalk als carbonatischem Liegenden folgen an 100 m Calciumsulfat in Form von Anhydrit. Auf ihm als Boden erwuchsen nach und nach an 500 m Steinsalz, das durch dünne Lagen von Anhydrit in vielleicht 10000 Schichten gegliedert ist und damit eine Periodizität der Bildungsgeschichte anzeigt, etwa einem Wechsel der Temperatur oder eher einem Wechsel von Zuflüssen und somit wohl dem Wandel der Jahre entsprechend: die Anhydritregion des Staßfurter Vorkommens. Dann folgen an 50 m Steinsalz mit Polyhalitschichten, die Polyhalitregion, an 30 m Steinsalz mit Kieserit (Kieseritregion) und durch Übergänge verbunden 30 m Steinsalz mit

alter Krystallisationen durch Resorption oder Pseudomorphosierung unter dem Einfluß des Lösungsrestes ist damit gegeben. Nur Repräsentanten des Endzustandes werden sich, falls alles ins Gleichgewicht kommt, darbieten. In dem leichter beweglichen Medium der wäßrigen Lösung aber haben sich die Ausscheidungen gewissermaßen dem chemischen Aktionsfelde durch Aussaigern entzogen; sie sanken zu Boden, wurden überkrustet und repräsentieren sozusagen hinter die Front geschickte und nach ihrem Alter aufgestellte Zeugen früherer Zustände, über deren Art und zeitliche Aufeinanderfolge sie durch ihre stoffliche Zusammensetzung und räumliche Anordnung Kunde geben.

Kieserit und Carnallit, die Carnallitregion: Anhydritregion, Polyhalitregion, Kieseritregion, Carnallitregion, für uns Zeugen der chemisch-mineralogischen Krystallisationsbahn im Zechsteinsalzsee.

Das physikalisch-chemische Wesen dieses so charakteristisch aufgebauten, Tausende von Fuß mächtigen Dokumentes einer schaffenden Natur zu erklären, unternahm van't Hoff seine großen experimentellen Studien über die Entstehung der ozeanischen Salzablagerungen. In langen Jahren mühevoller und glorreicher Arbeit, deren Ergebnisse in über 50 Abhandlungen der Berliner Akademie der Wissenschaften niedergelegt sind, hat er im Verein mit seinen Schülern die Gesetzmäßigkeiten beim Krystallisieren der salzigen Komponenten des Meerwassers durch Verdunsten des Lösungsmittels qualitativ und quantitativ klargestellt, vom einzelnen Salz fortschreitend zu weiteren und immer weiteren Kombinationen der Lösungsgenossen. Keine andere Gesteinsgruppe erfuhr ein auch nur annähernd so vollständiges, physikalisch-chemisches Studium wie die Kalimagnesiasalze durch den genannten Altmeister der Wissenschaft.

Bei 25^0 C, die als schickliche Temperatur für die Deutung der natürlichen Ablagerungen angesehen wurden, dunstet eine dem Ozeanwasser gleiche Lösung ein unter Aussonderung zunächst des schwer löslichen Calciumsulfats als zweifach gewässertes Salz, als Gips, und dann erst als Anhydrit. Es folgen im wesentlichen Krystallisationen von Polyhalit, von stark und dann schwächer gewässerten Magnesiumsulfaten, zuerst ohne, dann in Begleitung von Kainit, alsbald gemeinsamer Ausfall von Kieserit und Carnallit und schließlich die Absonderung von Kieserit, Carnallit und Bischofit, alles in Vergesellschaftung mit der Krystallisation von Steinsalz. Eine klare und deutliche Gesetzmäßigkeit. Jedoch! Mit mineralogischen Verhältnissen befreundete Hörer unter Ihnen werden vielleicht schon aus dem Vergleich der Schichtenfolge im Staßfurter Lager und dem durch van't Hoff's Versuche ermittelten Krystallisationsgange des Meerwassers erkannt haben, daß die geschilderten Erfahrungen im Laboratorium und die große Praxis der Natur nicht so recht miteinander harmonieren. In der Tat! das Ergebnis der Untersuchung des klassischen Staßfurter Salzlagers in bezug auf Art der Gesteinskomponenten und ihr Zusammenvorkommen paßt in sehr wesentlichen Punkten nicht zu dem von van't Hoff für eine Meerestemperatur von 25^0 ausgearbeiteten Schema.

Da ist bislang nicht beobachtet, daß, wie es nach diesem Schema sein sollte, Gips als erste Ausscheidung sich sedimentierte, vielmehr setzte die Krystallisation in der Natur gleich mit Anhydrit ein. Da fehlen im Salzvorkommen die vom Schema verlangten stark gewässerten Magnesiumsulfate, das Salz tritt gleich mit nur einem Wasserteil, als Kieserit, auf. Es fehlt der vom Krystallisationsmodell geforderte Kainit in der natürlichen Reihenfolge. Auch quantitativ, so bezüglich des Steinsalzgehaltes in den kaliführenden Schichten, stehen sich Rechnung und natürlicher Befund recht schroff gegenüber. Während z. B. der Chlornatriumgehalt der Kieseritregion sich zu 28,5 Prozent berechnet, findet man in ihr durchschnittlich 65 Prozent davon, in der Carnallitregion wären $2^1/_2$ Prozent Steinsalz zu erwarten, in Wirklichkeit sind 20 Prozent darin. Weiter fällt auf, daß die vom Schema geforderten unmittelbaren Änderungen der Krystallisation, z. B. die scharfe Grenze zwischen Kieserit- und Carnallitregion, nicht vorhanden ist. Es sei noch erwähnt, daß eine Paragenese, die durchaus ausgeschlossen erscheint, die nämlich von Steinsalz, Kieserit und Sylvin in höheren Horizonten des Staßfurter Lagers vorkommt und anderorts sogar eine gewaltige Verbreitung, als sog. Hartsalz, besitzt.

Eine Fülle von Zwiespalt also, zwischen Erfahrung im Laboratorium und natürlichem Befund, aber keineswegs, wie es scheinen könnte, ein Umstand zum Verzagen; ein drängender Ansporn doch nur zum Weiterforschen und zum Streben, Versuchsergebnis und Wirklichkeit in Harmonie zu bringen.

Und so hat denn auch van't Hoff den Berg der Schwierigkeiten zu übersteigen gesucht, indem er auf den chemisch-mineralogisch so mächtigen Einfluß der Temperatur verwies. Der vom Schema für 25^0 verlangte, in der Natur aber als primäres Glied der Salzfolge nicht festgestellte Gips verschwindet in der Tat schon bei 35^0. Das Calciumsulfat versteint dann im künstlichen Meereswasser, wie es in der Natur gefunden wird, als Anhydrit, und ähnlich ist es bei den Magnesiumsulfaten. Der Krystallisationsbereich für den in der Staßfurter Folge vermißten Kainit verschiebt sich bei Erhöhung der Temperatur und wird dann wohl bald nicht mehr von der Ausscheidungsbahn getroffen. Bei 72^0 C können Steinsalz, Kieserit und Sylvin sich sehr wohl miteinander aussondern, und so würde ein solcher Wärmegrad des Zechsteinsees die stark verbreitete Hartsalzbildung erklären.

Sehr zögernd aber standen und stehen insbesondere manche Petrographen und Geologen der Annahme einer so hohen Temperatur von über 70^0 im Wasser des Zechsteinsees gegenüber. Auch unter Ihnen wird gewiß mancher denken, es erscheine doch etwas gewagt, Temperaturen von über 40°, ja über 70° für das Wasser des alten Zechsteinmeeresbeckens anzunehmen; weist doch z. B. selbst das rote Meer nur an 34° C an seiner brühwarmen Oberfläche auf.

Und doch heißt es, sich herzhaft zu den Forderungen der physikalischen Chemie bekennen und die unbehaglichen inneren Zweifel verscheuchen. Glücklicherweise sind in der Hinsicht einige Beobachtungen der Überlegung noch zu Hilfe gekommen. Die Temperatur von 70° ist in der Tat von Kaleczinsky in ungarischen Salzseen und von andern sonst beobachtet worden. Solche Salzseen sind gewissermaßen Akkumulatoren der in ihre Tiefe strahlenden Sonnenwärme durch den Umstand, daß salzreiche Wassermassen trotz Erhöhung ihrer Temperatur wegen ihres bedeutenden spez. Gewichtes nicht zur abkühlenden Oberfläche aufsteigen können, wenn diese Oberfläche von eingeflossenem salzarmen, also leichten Wasser gebildet wird. Das ist bei den ungarischen und anderen Seen der Fall und für Teile des Zechsteinmeeres keine Unmöglichkeit. Also brauchen wir den Schluß doch wohl nicht so sehr zu scheuen, daß im Zechsteinsalzsee örtlich und zeitweilig eine

Temperatur von über 70° herrschte, die eben Hartsalzbildung gestattete. Von solchen besonderen Paragenesen abgesehen kommt man für die Erklärung der Salzarten und ihrer Kombination mit der Annahme von 40—50° Wärme aus.

Auch andere Widersprüche zwischen chemisch-mineralogischen Folgerungen und der Erfahrung im Aufschluß der Salzlager klären sich allgemach, so nach Boeke das erwähnte Mißverhältnis der Salzgesteinkomponenten und der allmähliche Übergang der Regionen, zwar nicht durch die Annahme einer darauf wenig wirksamen höheren Temperatur, wohl aber durch die Erwägung, daß in verschiedenen Tiefen des Meeresbeckens wechselnde Konzentrationen herrschten, also auch abweichende Krystallisationen erfolgten. Bildungen verschiedener Tiefen sanken ab und vereinigten sich zu einem abnormen Aggregat. Sicherlich verursachten auch Zuflüsse Besonderheiten im Salzabsatz.

Im Zechsteinmeere waren eben die Umstände nicht so einfach, wie sie vom experimentierenden Chemiker bei seinen Versuchen erstrebt werden. Die weite, tiefe Lösung des Salzsees war nicht homogen und auch nicht überall gleich warm, und oft genug mögen sich weiterhin die Gleichgewichte nicht herausgebildet haben, die der Experimentator beim Laboratoriumsversuch abwartet und geschickt durch Rühren und Impfen begünstigt.

Es ist und bleibt also nach unserer Meinung das wundervolle Krystallisationsschema van't Hoffs ein trefflicher Führer in der Mannigfaltigkeit der Verhältnisse. Es bringt den Idealfall zur Anschauung, der in der Natur nicht verwirklicht wurde, der aber gewissermaßen als straffe Leitlinie in dem verwickelten Laufe der natürlichen Fäden steckt.

Am nächsten kommt dem Normal ein Teil des älteren klassischen Vorkommens von Staßfurt. Dort liegt wohl in der Tat das Produkt einer bei etwa 40^0 fortschreitenden Krystallisation von Meereswasser noch vor. In den meisten Fällen ist jedoch dies Ergebnis erster Bildung schon zur Zechsteinzeit zum Teil oder ganz wieder zerstört und in anderer Form wieder abgesetzt.

Die ausgezeichneten Beobachtungen Everdings, der als der erste durch eigene Anschauung eine Übersicht über wohl fast alle bergbaulich erschlossenen Zechsteinsalzvorkommnisse gewann, machen es ganz deutlich, daß deszendente Salze, wie er sie genannt hat, eine große Rolle im Zechsteinlager spielen. Direkt überzeugend ist in der Hinsicht die außerordentliche Verbreitung von Geröllsalzen. Es sind rundliche und eckige Trümmer von Steinsalz, Anhydrit, Hartsalz u. a. m., die, wie die Gerölle von Breccien oder Conglomeraten anzuschauen, in carnallitischer Grundmasse eingebettet sind.

So müssen wir uns denn ein eigenartiges Bild ausmalen, vom salzspendenden Zechsteinsee. Zunächst von gewaltiger Ausdehnung, nach Walther Norddeutschland und Rußland wohl bis an die asiatische Grenze überdeckend, schrumpft er durch Verdunstung mehr und mehr zusammen. Absätze von Anhydrit und Steinsalz als Zeugen früherer großer Ausdehnung läßt er hinter sich zurück. Schließlich hat er seine Laugen auf dem Areal Deutschlands versammelt, das also wohl die tiefst gelegenen Teile des großen Beckens gebildet haben muß. Hier im nun ganz deutschen Zechsteinsee lagerten sich nicht nur die älteren, wesentlich aus Anhydrit und Steinsalz bestehenden Salzfolgen ab, sondern auch die im Lösungsreste bis dahin, weil leicht löslich, aufgesparten Kalimagnesiasalze, der industriell besonders kostbare Salzschatz. Zum völligen Schluß der Krystallisation, zum Absatz einer Bischofitregion scheint es nirgends gekommen zu sein.

Spärlich aber nur ist diese primäre Reihe von wesentlich Anhydrit, Steinsalz, Kieserit und Carnallit erhalten geblieben. Wasser, sei es vom Ozean her, der Zugang zum Salzsee fand, sei es meteorisches Wasser, ergoß sich in den Salzsumpf. Die Bodensätze wurden zum Teil gelöst, zum Teil in Form von Bruchstücken und Geröllen durch strömende Laugen und brandende Wellen verschwemmt, in den Niederungen aber als Geröllsalze, als zum Teil massige, zum Teil geschichtete Schuttmassen, wieder abgesetzt. Eine Verkittung erhielten die Brocken und Fetzen durch ausgeschiedenen Carnallit.

Anderorts kam es zur völligen Auflösung von Teilen des älteren Lagers, und aus diesen geröllfreien Laugen schieden sich entsprechend ihrer Zusammensetzung und der Temperatur Neusalze als Ausscheidungssedimente schichtig ab, in vielen Fällen Hartsalzlager, auf denen sich dann noch Carnallitgestein sedimentierte, oder Sylvinit, ein Gemenge von Steinsalz und Sylvin. So wurde das alte Salz in neue Formen gebracht.

Was aber hier als Vorgang der Zerstörung des primären Lagers geschildert ist, konnte natürlich am neuen wiederum geschehen. In der Tat hat sich das auch oft ereignet, wie Hartsalzbruchstücke im Geröllcarnallit beweisen.

Einen Abschluß erhielt dieser erste wechselvolle Vorgang der Salzbildung und Umbildung durch Ablagerung des sog. älteren Salztons, der wie ein graues Tuch die Mannigfaltigkeit der Bildungen überhüllt.

Ein zweiter Akt des großen Schauspiels hub an. Der Salzsee erschien von neuem, und wie früher setzten sich Anhydrit (in Thüringen vielleicht sog. Plattendolomit), Steinsalz und auch Kalisalze ab. Von frischem vollzogen sich mannigfaltige Auflösungen, Verfrachtungen, Bildung von Neusalzen, bis nochmals eine Tondecke, der rote Salzton, alles unter sich begrub.

Und ein drittes Mal fluteten salzige Wasser einher, dann aber klang die große deutsche Salzperiode aus. Ein neues Deutschland, das Buntsandstein-Deutschland, bildete sich heraus. Die Zechsteinsalze wurden unter dem Schutt jüngerer Zeiten begraben.

So ist allmählich ein Bild, wenn auch gleichsam erst ein mit groben Pinselstrichen entworfenes, gewonnen vom Zustande der Zechsteinsalzlagerstätte zur Zeit ihrer Bildung. Nicht vergessen aber dürfen wir, daß die langen geologischen Perioden, daß die vielen Jahrmillionen, die seit den Tagen der Dyas bis heute vergangen sind, mit ihren mannigfachen Ereignissen nicht ohne nachträgliche Wirkung auf die chemisch-mineralogische Art der Zechsteinlagerstätte waren.

So heißt es denn, die im Sinne Everdings posthumen Erscheinungen, die gewissermaßen eine Übermalung des alten Bildes ausmachen, als solche zu erkennen und für sich zu würdigen.

Stellen wir uns vor: Die Salzlandschaft der Zechsteinzeit wurde unter den Sedimenten jüngerer Perioden tief verschüttet. Tausende von Metern Gestein legten sich über sie und liegen örtlich auch jetzt noch über ihr. Da ist es denn wohl möglich, daß die zufolge der starken Überlagerung gesteigerte Temperatur, im Verein mit dem Druck der gewaltigen hangenden Gesteinslast, chemische Umänderungen in der Lagerstätte veranlaßte.

Vor allem aber wurde der chemisch-mineralogische Bestand der Zechsteinsalze örtlich im Gefolge der Störungen beeinflußt, welche die gebirgsbildenden Kräfte veranlaßten.

Die ursprünglich wohl flach oder in wechselnder leichter Neigung abgelagerten Salzmassen sind lange nach ihrer Sedimentierung, zur Kreide- und Tertiärzeit, als im Süden die Alpen entstanden und auch der deutsche Boden nach langer Ruhepause sich bewegte und Gebirge formte, in gewaltige, Südost-Nordwest verlaufende Faltenzüge zusammengeschoben. Die festen Kerne dieser nach Norden überbogenen Falten waren die emporgepreßten paläozoischen schmalen geologischen Klippen des jetzigen Thüringer Waldes, des Harzes und des Flechtinger Höhenzuges bei Magdeburg. Über alle diese Gebirgskerne hinweg zog einst die emporgewölbte Salzdecke und ihr Hangendes. Doch dieser Faltenwurf wurde Ursache ihres örtlichen Unterganges. Längst ist die mesozoische Schale mit Ausnahme kleiner Reste und die Salzlage ganz und gar von den mitteldeutschen Gebirgen durch die Agenzien der Verwitterung wieder entfernt. Und auch im etwas tieferen Untergrunde sind die Zechsteinsalze vielerorts durch wandernde Gewässer in weiten Gebieten gelöst. Wo sie aber wie an der nördlichen Flanke des Harzes als steile Wurzel der Faltenbogen oder auch in flacherer Lagerung noch in der Nähe der Oberfläche anstehen, da finden wir sie durch einsickernde Tagewasser in ihrem Mineralbestand stark verändert vor. Es haben sich die sog. Salzhüte gebildet, bis 50 m in die Salzlagerstätte hinabreichende, oft weithin streichende, nach unten meist scharf gegen unverändertes Salz abschneidende Umbildungszonen. Hier erscheinen besondere Mineralien als Zeugen: blaues Steinsalz mit milchigem Sylvin, bunter Carnallit und der Kainit, der wohl auch einmal als primäres Salz vorkommen mag, aber in Kombination mit den erwähnten Krystallisationen für posthume Salze ganz charakteristisch ist und seinen Namen Kainit dann mit der Tat trägt. In diesen bunten Salzhüten liegt ein chemisch-mineralogisch noch fast unerforschtes, ganz besonders eigenartiges Arbeitsfeld vor.

Als Reste solcher Auflösungs- und Umänderungsvorgänge erscheinen an der wasserreichen deutschen Erdoberfläche, an der Steinsalz und Kalisalz nicht bestehen können, Zechsteingips und Zechsteinton. Gips als Repräsentant des in der Tiefe unversehrt anstehenden Anhydrits. Manchem von Ihnen wird der prächtige Zug der weißen Berge bekannt sein, der sich wie eine lichte Steinguirlande am Südharz hinzieht, ein Rest und Zeuge unserer deutschen Zechsteinlandschaft, für den Mineralogen und nun in Zukunft auch für Sie ein Denkmal der Natur, das über Tage an die Salzschätze der Tiefe erinnert, zugleich ein ragendes Mahnzeichen; eine Mahnung an die wissenschaftliche Arbeit, die noch zu leisten ist, bis das Werden, Bestehen und Vergehen der versunkenen deutschen Zechsteinlandschaft in allen charakteristischen Zügen erkannt ist. Mente et malleo. Noch mancher rüstige Wanderschritt muß bis dahin getan werden, noch mancher Hammerschlag, manche Beobachtung will erledigt sein an den von der Zerstörung über Tage verschonten Resten der Salzlagerstätte, an den Aufschlüssen tief unten in den Bergwerken, beim Studium kennzeichnender Proben im mineralogischen Laboratorium, am Goniometer, am Mikroskop, an den Apparaten der analytischen und physikalischen Chemie.

Daß auch im Mineralogischen Institut unserer Universität neben der Erledigung mancher anderen Frage ein gut Teil geschehe zur weiteren Erforschung der großartigen Salzschätze unseres deutschen Landes, das ist mein herzlicher Wunsch. Und der wird erfüllt werden.

In dem mir anvertrauten Institut soll reges wissenschaftliches Leben in voller Hingabe an Unterricht und Forschung walten. In fester Zuversicht auf gutes Gelingen darf ich das hier aussprechen, im Vertrauen auf eigene Arbeitslust, auf freudige Mitarbeit jüngerer Kollegen und nicht zum mindesten unserer Kommilitonen, unserer „Mitstreiter“ für die Wissenschaft, im Vertrauen schließlich auf die wohlwollende Förderung der guten Sache durch die kgl. Staatsregierung, deren Fürsorge für die Institute unserer Universität sich so oft glänzend erwiesen hat.

Und nun zum Schluß, meine verehrten Damen

und Herren, sage ich Ihnen herzlichen Dank für Ihre freundliche Aufmerksamkeit.

Befriedigung und Freude erfüllt mich, daß ich in dieser Stunde ein Band habe knüpfen können zwischen einem so großen Kreise von Angehörigen und Freunden unserer Universität und mir, ein Band, das sich allgemach immer fester schlingen möge.

In dem Sinne rufe ich Ihnen zu den schönen, alten Gruß der Bergleute, Geologen und Mineralogen: Glück auf!

Metzger & Wittig, Leipzig. 1054

FSC
www.fsc.org
MIX
Papier | Fördert
gute Waldnutzung
FSC® C083411

Zeitfracht Medien GmbH
Ferdinand-Jühlke-Straße 7
99095 Erfurt, Deutschland
produktsicherheit@kolibri360.de